Raios, trovões e relâmpagos

Lendas e realidade

Mauro Gonzalez Ribeiro

Engenheiro Eletricista

DEDICATÓRIA

A minha querida esposa Érica Ribeiro que suporta minha ausência à noite quando paro para escrever, pelo seu carinho, amor e dedicação. Por toda a inspiração que ela me dá e pelo seu caráter ímpar que mudou a minha vida.

CONTEÚDO

AGRADECIMENTOS

Aos meus pais Ávaro e Magdalena pela vida e educação que me deram, por estarem comigo o tempo todo e por serem inspiração para os meus empreendimentos na vida. Pelas muitas orações que fizeram e fazem por mim.

Capítulo 1 - O que são raios, relâmpagos e trovões?

Imagem de Stephanie Curry por Pixabay

Muitas curiosidades foram criadas pelos seres humanos e muitas delas vieram da Grécia antiga. Vamos ver um pouco do que eles acreditavam.

Antes de começarmos a falar sobre raios, relâmpagos e trovões e suas consequências temos que definir o que significa cada coisa, para que não tenhamos uma ideia errada sobre o assunto. Muitas das definições que temos em nossas mentes sobre os mais variados assuntos são erradas e as carregamos, muitas vezes, pela vida toda.

Vamos lá?

Os **antigos gregos** acreditavam que os raios eram umas lanças pontudas que eram fabricadas por criaturas míticas, os Ciclopes, os que possuíam um único olho. Zeus, o deus dos deuses, então as recebia prontas para punir todos os seres humanos que não fossem bons. Zeus arremessava então as lanças sobre os maus e pecadores.

O ciclope

Imagem de GraphicMama-team por Pixabay

Zeus

Zeus Imagem de Paul Tate por Pixabay

Havia também outra lenda surgida através de um outro povo, **o babilônico**. Eles acreditavam que o seu deus chamado Adad possuía um objeto em cada uma de suas duas mãos, em uma empunhava um bumerangue e na outra uma lança. Segundo os babilônicos quando o bumerangue era arremessado produzia o som do trovão e quando a lança era arremessada produzia então os raios.

Boomerang-1027826_1920

Spear-296530_1280

Antes de simplesmente rirmos temos que levar em conta que isso aconteceu a milhares de anos atrás, onde não havia tecnologia nenhuma para tecnicamente saberem o que seriam os raios, trovões e relâmpagos, daí a criatividade do ser humano produziu estas lendas variadas.

Será que existem outras lendas conhecidas? Sim, há. Vamos a elas.

Será que o Império Romano que durou tanto tempo e que também é de tempos bem antigos também teve alguma lenda sobre o assunto?

Os **romanos** importaram a sua lenda sobre raios dos gregos, apenas fizeram algumas adaptações. Para os romanos o deus dos deuses era Júpiter e que fazia a mesma coisa que Zeus, o deus dos deuses gregos, que jogava lanças sobre os seres humanos que agiam mal. Lembram que para os gregos antigos os Ciclopes eram quem produziam as lanças para que Zeus usasse? Já para os romanos era a deusa Minerva que fazia o serviço, ela era tida como a deusa da sabedoria.

A deusa Minerva

Minerva-Imagem de Security por Pixabay

Agora vamos a uma lenda muito famosa nos nossos dias que virou personagem de desenho animado e depois filme de grande bilheteria, o Poderoso THOR, o deus do trovão. Para os nórdicos que eram um povo que vivia a Europa, Thor era o deus do trovão e dos raios, esta lenda é a mais conhecida provavelmente entre nós. Thor andava de carruagem que voava e isso produzia os raios, segundo eles. Quando o deus Thor arremessava o seu poderoso martelo produzia então o som do trovão.

Thor-4225949_1920

Como não havia tecnologia suficiente para esclarecer dúvidas, como já falei acima, outras crendices menos espetaculares mas também sem sentido foram criadas pelos seres humanos na sua busca incessante pelo conhecimento, saber o porquê das coisas.

Havia uma planta que povoava os pensamentos dos romanos, que as usavam em suas cabeças. Eram os ramos de louro, pois acreditavam que repeliam os raios, isso mesmo, criam que uma simples planta repelia raios e protegia quem a usasse.

LOUREIRO -Imagem de Hans Braxmeier por Pixabay

Um romano

Man-156549_1280

Vamos agora falar um pouco da teoria dos raios, relâmpagos e trovões para esclarecer a realidade dos fatos. Como este livro não é de fundo técnico mas apenas para dar a oportunidade das pessoas que não são da área descobrirem um pouco sobre o assunto seremos bem superficiais. Depois passaremos aos mitos e outros.

O que são raios, relâmpagos e trovões?

Geralmente durante uma tempestade vemos clarões no céu, estes são os relâmpagos. O barulho associado a eles são os trovões e os raios são efetivamente os que causam os estragos e mortes, são os que caem na terra. Esta é uma explicação bem simples sobre estes fatos, pois como falei acima este livro é apenas para mostrar um pouco do fato. Mas, vamos aprofundar apenas um pouco mais o assunto para que todos que se dignem a ler o livro possam ter uma ideia mínima do assunto.

Raio é uma descarga elétrica entre dois pontos, geralmente uma nuvem carregada eletricamente e o solo. Esta descarga é de uma intensidade muito grande e ocorre na atmosfera. Os dois pontos, geralmente a nuvem e o solo tem que estar eletricamente carregados. A grosso modo um lado com cargas negativas e o outro de cargas positivas, sendo na física real o ditado de que os opostos se atraem. A atmosfera serve como um isolante entre as nuvens e a terra e quando esse isolamento é quebrado, vencido, surge o raio em direção a terra e acontece o fenômeno. Os raios podem acontecer entre também apenas entre as nuvens sem chegar ao solo e até mesmo apenas no interior de uma nuvem.

Quando o **raio** acontece o clarão é inevitável, pois há uma enorme emissão de radiação eletromagnética que é visível (é o **relâmpago**), a grosso modo podemos dizer que o raio são as cargas elétricas se atraindo, o relâmpago é o sinal disso e o **trovão** é o barulho que isto causa e geralmente é o que nos dá maior medo. O trovão em si não faz mal nenhum, apenas nos mostra que o raio caiu no solo, em uma construção ou árvore.

Existe ainda um fato interessante, como há uma onda na atmosfera causada pelo raio quem estiver bem perto da queda do mesmo, uns 10 metros ou um pouco mais pode vir a ser arremessado do seu lugar, pode quebrar vidros e qualquer coisa parecida. Por isso durante uma tempestade, uma chuva com raios, relâmpagos e trovões saia sempre da rua ou do campo, se esconda dentro de uma edificação e fique protegido lá até que acabe a tempestade. Jogar futebol ou brincar na chuva nem pensar, eu já fiz isso e vi um raio cair a poucos metros de mim, não dá para esquecer nem as fagulhas do mesmo, foi uma visão terrível.

Quem quiser se aprofundar no tema pode procurar mais informações no site do INPE:

http://www.inpe.br/webelat/homepage/

Capítulo 2 - Mitos e lendas sobre raios, relâmpagos e trovões. Alguns ainda sobrevivem na atualidade.

Imagem de O12 por Pixabay

Neste capítulo vamos relacionar alguns mitos e crendices que existem em nosso meio e vamos passo a passo tentar desvendar e esclarecer cada um deles.

Os antigos, por medo das consequências do fenômeno, buscavam formas de evitar os raios e as consequências ruins que vinham dele, daí surgiam os mitos, que eram uma mistura de costumes antigos, crendices e religiosidade deformada.

2.1 – Um raio não cai duas vezes no mesmo lugar

Uma das informações mais repassadas da história é também o maior mito que envolve este assunto. Durante a tempestade, o raio na grande maioria das vezes

irá procurar a forma com menor resistência para atingir a terra, ou seja, as estruturas pontiagudas, elevadas e principalmente as metálicas são aquelas que estão mais propensas a receberem descargas elétricas atmosféricas. Portanto, um edifício muito alto, ou uma árvore em um campo podem ser atingidos diversas vezes por ano. Um outro detalhe importante é que o mesmo raio pode ser múltiplo ou seja ele pode ocorrer várias vezes em intervalos muito pequenos, o que dá a impressão de que quando um raio cai ele pisca, o que na verdade ocorre é que o raio não dissipou toda sua carga e ele repete a descida uma ou várias vezes, já foram registrados Esta é uma informação incompleta raios múltiplos com 28 descargas subsequentes.

2.2 - Um espelho atrai raios

Não, não atrai raios, pode ficar tranquilo. O que ocorria no passado é que os grandes espelhos tinham molduras metálicas e estas molduras sim é que atraíam os raios. Pode deixar de cobrir seus espelhos durante uma tempestade.

2.3 – Um sistema de para-raios protege as casas vizinhas

Quando é projetado um sistema de proteção contra descargas atmosféricas para um imóvel ele apenas garante a proteção, e mesmo assim não garante 100%, o imóvel para o qual ele foi projetado. Claro que pode haver situações em que um ou mais imóveis possam vir a ser contemplados com uma proteção por tabela, mas isso não é regra. Cada edificação deverá ter a sua própria análise de riscos, feita por um profissional credenciado, um Engenheiro Eletricista. E mais, caso uma edificação possua um sistema de proteção contra descargas atmosféricas ele deverá sofrer manutenção periódica conforme a NBR 5419-2015 preceitua. Ou seja, não devemos confiar no SPDA do vizinho e caso tenhamos o nosso devermos seguir a norma no tocante a manutenção periódica.

2.4 – Os sinos ao serem tocados nos protegem dos raios

Outra crença, muito difundida na Europa Medieval, dizia que o badalar dos sinos das igrejas durante as tempestades afastaria os raios. A superstição perdurou por muito tempo. Muitos campanários de igreja foram atingidos e mais de uma centena de tocadores de sino foram mortos acreditando em tal ideia. A superstição perde força somente no início do século 18.

2.5 – Amuletos de proteção

Outra crença popular considerava a pedra-de-raio um talismã para a proteção pessoal e de residências entre os povos europeus, asiáticos e americanos. No nordeste brasileiros, a pedra-de-raio é conhecida até hoje como pedra-de-corisco, por influencia dos portugueses do século 16. A pedra seria trazida pelo raio, cuja força meteórica a enterraria. A origem de tal superstição esta´baseada na falsa ideia de que um local não pode ser atingido duas vezes pelo mesmo raio, mas a explicação para a origem destas ideias pode estar relacionada com achados de utensílios e armas de pedra polida de povos mais antigos. Sabe-se que os etruscos e, mais tarde, os romanos da antiguidade usavam a pedra (pontas de flechas e de martelos) em colares como amuleto. Ficavam a mostra no pescoço, mas também eram escravos africanos acreditavam que a pedra-de-santa-bárbara, como chamavam a pedra-de-raio, desprendia-se da atmosfera durante as tempestades. Ela teria poderes curativos e por isso era utilizada em preparos de remédios para diversas doenças.

2.6 – Só os raios queimam os aparelhos eletrômicos

A verdade é que os surtos elétricos são os maiores causadores de queima de aparelhos. Estes surtos podem ser causados tanto pelos raios, quanto por variações repentinas de tensão da rede.

2.7 - Quais os maiores mitos sobre os raios?

Estou protegido dentro de casa?

Sem dúvidas, estar dentro de casa é uma ótima forma de se proteger das descargas elétricas atmosféricas, mas isso não quer dizer que você está totalmente protegido. Quando a pessoa não mantém distância ideal dos aparelhos eletrônicos, cabos elétricos ou qualquer material de metal, as chances de ela sofrer um choque são enormes.

O Estabilizador protege os aparelhos contra raios?

O nome propriamente já diz, o aparelho é um estabilizado e a sua função é apenas proteger os aparelhos da variação da tensão elétrica da rede. Para proteger os aparelhos dos raios, é necessário utilizar um DPS. (Dispositivos de proteção contra surtos elétricos)

Para-raios protegem os equipamentos eletrônicos?

A resposta é não! Eles têm a função de proteger apenas a construção, ou seja, para proteger os seus equipamentos eletrônicos, é necessário instalar um supressor de surto de tensão que tem a função de evitar que as descargas elétricas cheguem até os aparelhos queimando-os.

Os raios atingem sempre o objeto mais alto?

Este é outro mito que é muito compartilhado como informação verdadeira. Os objetos mais altos tem a probabilidade maior de serem atingidos pelos raios, mas isso não impede que um raio atinja o solo ou até mesmo objetos mais baixos que estejam próximo a outros maiores.

Barracas e árvores são bons abrigos

Se você está bem atento a todas as informações que foram passadas até aqui, certamente já sabe porque esta afirmação é falsa. Quando a pessoa está ao ar livre durante uma tempestade de raios, ela nunca deve se abrigar em uma barraca ou debaixo de árvores isoladas. Tanto as árvores quanto as hastes metálicas das barracas irão atrair as descargas elétricas.

2.8 - Quais as maiores verdades sobre os raios?

Nunca falar ao telefone durante as tempestades

A pessoa que não respeita esta indicação certamente estará correndo muitos riscos. Os raios podem causar surtos elétricos que transitam facilmente pela rede elétrica, pela rede telefônica e também pela televisão. Se uma pessoa estiver segurando o telefone, ela pode ser atingida pela descarga.

Devo desligar os aparelhos da tomada?

Os surtos provocados pelos raios nas redes elétricas são extremamente perigosos para os aparelhos. Esta atitude é altamente recomendado, mesmo nas instalações que possuem proteções contra os raios.

Raios, trovões e relâmpagos. Lendas e a realidade.

A temperatura do raio é maior do que a da superfície solar?

Esta é praticamente uma curiosidade! A informação é verdadeira, a superfície solar tem aproximadamente 6.000°C, já o raio pode chegar à aproximadamente 30.000°C, ou seja, a temperatura de um raio pode ser até 5 vezes maior.

É possível calcular a distância de um raio pelo tempo que o trovão?

A reposta é sim! Se você não sabe, a velocidade do som é de aproximadamente 1 quilômetro a cada três segundos. Portanto, assim que você ver o relâmpago, é possível contar o tempo que levamos para escutar o seu trovão. Para exemplificar, imagine que ele demorou 10 segundos para ser ouvido, neste caso o raio está a cerca de 3km de distância.

Para finalizar este artigo, trouxemos umas dicas importantes para te ajudar na hora de se proteger das tempestades de raios. Vejam como alguns locais podem ser muito mais perigosos do que seguros.

2.9 - Como se manter em segurança em uma tempestade de raios?

Devemos nos esconder dentro de edificações, mas nunca fique em baixo de quiosques e tendasProcurar abrigo em edificações;

Não fique próximo de árvores;

Evitar permanecer nas piscinas, rios, lagos e/ou mar

Fique bem longe de objetos metálicos como mastros, grades, cercas, alambrados e postes; não fique dando sopa em locais altos e abertos, esconda-se;

Não fique dentro de barcos;

Se você ainda usa o telefone fixo não o faça durante a tempestade de raios, a menos que seja o sem fio. O celular pode ser utilizado, mas só os use em caso de extrema necessidade;

Quando você for plantar árvores não o faça próximo a locais que contenham produtos inflamáveis e explosivos.

CAPÍTULO 3

Vamos falar um pouco de para raios e da Norma brasileira que fala sobre a proteção contra raios

Mesmo que o Sistema de Proteção Contra Descargas Atmosféricas (SPDA) seja projetado por um engenheiro eletricista experiente e que usem os materiais minimamente exigidos pela norma brasileira ele não garante 100% de eficácia na proteção contra raios, isso mesmo, mesmo tendo um sistema de para raios ele pode não ser suficiente, apenas podemos minorar a ação dos raios e aumentar muito a proteção dada a edificação e aos seres humanos, além dos animais.

Um SPDA também conhecido como Sistema de Proteção Contra Descargas Atmosféricas protege a estrutura de um edifício e não os seus componentes elétricos e eletrônicos, isto significa que tendo um SPDA pura e simplesmente os seus aparelhos eletroeletrônicos podem ser todos queimados com o acontecimento de um raio.

Para que um SPDA além de proteger a estrutura da edificação possa proteger seus aparelhos eletroeletrônicos é necessária à instalação de um supressor de surto, chamado de DPS (dispositivo de proteção contra surto elétrico)

Não vamos entrar nos detalhes técnicos, pois, o nosso propósito neste livro é apenas dar uma noção básica do que existe sobre raios, relampados, trovões e para raios para leigos, a fim de que todos tenham uma noção, mesmo que básica, sobre o assunto. Claro que se interessar poderá buscar conhecimentos mais profundos em outros materiais e em cursos que existem em larga escala.

As partes de um SPDA

Ele possui captores, condutores de descida e um sistema de aterramento. Possui também dispositivos que reduzem os surtos elétricos e magnéticos dentro das edificações, lembrando que o para raios não protege os equipamentos eletroeletrônicos da edificação.

Captor Franklin

Imagem de Txemi López por Pixabay

Existe alguma Norma que defina isso ou é da cabeça de cada engenheiro?

Sim, existe sim, tudo o que é técnico deve ser bem regulado e demarcado para que não ocorram problemas com intepretações equivocadas sobre o problema a ser a atacado.

A Norma brasileira que trata desse assunto é a NBR 5419- 2015, dividida em 4 partes, à venda na ABNT (Associação Brasileira de Normas Técnicas)

Ela define de maneira legal tudo o que deve ser feito para que um projeto de SPDA seja perfeito de acordo com a tecnologia que existe atualmente. Ela foi atualizada, aliás já o foi algumas vezes, a anterior era de 2005 e muitas mudanças foram implementadas, só para se ter uma ideia a Norma de 2005 tinha 42 páginas e atual, de 2015 tem cerca de 380.

QUEM É A ABNT (Associação Brasileira de Normas Técnicas)?

A ABNT é o Foro Nacional de Normalização por reconhecimento da sociedade brasileira desde a sua fundação, em 28 de setembro de 1940, e confirmado pelo governo federal por meio de diversos instrumentos legais.

Entidade privada e sem fins lucrativos, a ABNT é membro fundador da International Organization for Standardization (Organização Internacional de Normalização - ISO), da Comisión Panamericana de Normas Técnicas (Comissão Pan-Americana de Normas Técnicas - Copant) e da Asociación Mercosur de Normalización (Associação Mercosul de Normalização - AMN). Desde a sua fundação, é também membro da International Electrotechnical Commission (Comissão Eletrotécnica Internacional - IEC).

A ABNT é responsável pela elaboração das Normas Brasileiras (ABNT NBR), elaboradas por seus Comitês Brasileiros (ABNT/CB), Organismos de Normalização Setorial (ABNT/ONS) e Comissões de Estudo Especiais (ABNT/CEE).

Desde 1950, a ABNT atua também na avaliação da conformidade e dispõe de programas para certificação de produtos, sistemas e rotulagem ambiental. Esta atividade está fundamentada em guias e princípios técnicos internacionalmente aceitos e alicerçada em uma estrutura técnica e de auditores multidisciplinares, garantindo credibilidade, ética e reconhecimento dos serviços prestados.

Trabalhando em sintonia com governos e com a sociedade, a ABNT contribui para a implementação de políticas públicas, promove o desenvolvimento de mercados, a defesa dos consumidores e a segurança de todos os cidadãos.

Fonte: retirado do site http://www.abnt.org.br/abnt/conheca-a-abnt às 20:05 h do dia 08/9/2019.

A NBR 5419-2015 – Proteção de estruturas contra descargas atmosféricas - fixa as condições exigíveis ao projeto, instalação e manutenção de sistemas de proteção contra descargas atmosféricas (SPDA) de estruturas, bem como de pessoas e instalações no seu aspecto físico dentro do volume protegido.

Esta norma se aplica às estruturas comuns, utilizadas para fins comerciais, industriais, agrícolas, administrativos ou residenciais, e às estruturas especiais tais como: chaminés de grande porte, estruturas contendo líquidos ou gases inflamáveis, antenas externas e ao aterramento de guindastes e gruas. Porém, esta Norma não se aplica a todas as estruturas, vejamos quais a própria norma diz que não se aplica:

Não se aplica aos sistemas ferroviários; não se aplica aos sistemas de geração, transmissão e distribuição de energia elétrica externos às estruturas; não se aplica aos sistemas de telecomunicação externos às estruturas e não se aplica a veículos, aeronaves, navios e plataformas marítimas.

O para raios protege a estrutura e as pessoas que estão dentro dela, mas não os aparelhos elétricos e eletrônicos usados na mesma, para isso devem ser previstos dispositivos de proteção contra surto elétrico, os DPS.

É o que basta para que vocês tenham uma pequena ideia de como funcionam as coisas nesta área. As definições são tiradas da própria norma da ABNT.

CAPÍTULO 4

I.N.P.E. – Instituto Nacional de Pesquisas Espaciais

O QUE É O INPE?

O Instituto Nacional de Pesquisas Espaciais, o INPE, é um centro nacional de pesquisas. Nele não são realizados somente estudos sobre o espaço. Também são conduzidas pesquisas sobre meteorologia, mudanças climáticas, raios, além de monitoramentos constantes do desmatamento amazônico.

Em 1961 o presidente Jânio Quadros criou o Grupo de Organização da Comissão Nacional de Atividades Espaciais (GOCNAE). Pensava-se na época em pesquisas e tecnologia para que o Brasil participasse da corrida espacial, influenciados pelos Estados Unidos e União Soviética.

O GOCNAE foi o que gerou o INPE cujo nome passou a ser utilizado apenas na década de 70. Atualmente o INPE tem instalações em 12 cidades do país e a sua sede fica no mesmo lugar de quando começou, em São José dos Campos – SP.

Se você acessar o site do INPE poderá pesquisar tudo sobre raios, inclusive muitas definições que você já leu aqui neste livro. É muito interessante e instrutivo e quem sabe não desperta o interesse em alguns sobre o assunto.

O site do INPE é: http://www.inpe.br/

SOBRE O AUTOR

Mauro Gonzalez Ribeiro é formado em Engenharia Elétrica pela Universidade Veiga de Almeida – UVA e Pós-Graduado em Engenharia de Segurança do Trabalho pela Universidade Federal do Estado do Rio de Janeiro – UFRJ.

É Católico Apostólico Romano desde o seu nascimento.

É Servidor Público Federal do Quadro Permanente do Tribunal Regional Eleitoral do Estado do Rio de Janeiro desde 1996.

É casado com Érica Ribeiro. É pai de dois filhos, avô de dois netinhos lindos e padrasto de dois enteados.

É criador do Blog Minha Vida Amorosa e escreve no mesmo sobre relacionamentos amorosos e a Palavra de Deus.

Faça-nos uma visita. Comente, torne-se um seguidor do nosso blog.

nossavidaamorosa.blogspot.com.br

Outras obras do autor

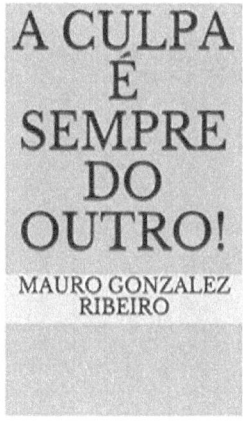

Em e-book (livro eletrônico) e em livro impresso na amazon.com.br

Raios, trovões e relâmpagos. Lendas e a realidade.

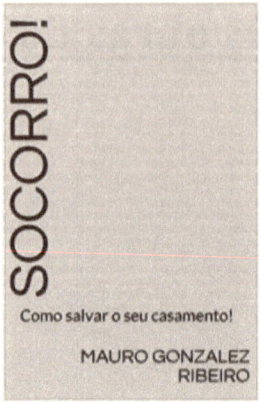

Em e-book (livro eletrônico) na amazon.com.br

DEUS ABENÇOE A TODOS!

www.ingramcontent.com/pod-product-compliance
Lightning Source LLC
Chambersburg PA
CBHW030602220526
45463CB00007B/3144